萬里機構

再見寵兒有限公司 主編

再見寵兒 陪着牠走

序言

常言道「一路好走」，相信這是不少人的真誠期盼，也是對先人的最後祝福。但怎樣才算是好走？我們無法窺探死後另一個世界的模樣，唯有從我們熟悉的時間和空間梳理哀思，為逝者辦一場體面的喪禮，與之好好道別。

香港很多人都會飼養寵物，視之為家人或朋友，有些更是靈魂伴侶，陪伴主人度過人生中的高低起跌，同歡笑、共患難。當寵物生命走到盡頭，主人即使傷心，亦要打起精神來，透過寵物善終的儀式，送別摯愛到彩虹橋。

作為立足香港近三十載的寵物善終服務公司，多年來傾聽了很多顧客與寵物之間的難忘故事，有動人的，也有惱人的。我們接觸得最多的就是哭得死去活來送別摯愛的客人；亦不乏寵物過身一段日子後，仍會到靈前探望的主人；也有一些人把未往生的寵物送來，叫人摸不着頭腦。

現將部分別具意義的故事輯錄成書，由寵物主人第一身分享其故事，敍述他們與寵物之間的真摯情感、對寵物善終的慎重考量、對保護動物的見解分析，以及對生離死別的深刻體會等等。我們還邀請到寵物善終行業的從業員，分享其所見所聞，為讀者提供不一樣的視覺，深入認識寵物善終這個課題，從而喚起社會對保護動物、尊重動物的關注。

以體面的儀式送別寵物，讓動物得到應有的尊重，留下刻骨銘心的善別回憶，相信是每一位愛錫寵物的主人心願，亦是我經營寵物善終服務的理念。與各位愛寵之人共勉。

再見寵兒
有限公司

Calvin Yau

目錄

相伴左右
視如至親

第一章

長路漫漫
伴我走過

——安仔不只是一隻寵物，
而是一直陪伴在側的家人。
牠是我家的開心果，
為我們帶來無窮無盡的歡樂，
亦為我帶來進步的動力。

寵物名字　：安仔
寵物種類　：柴犬
主人姓名　：Jeffrey
養寵物年資：15 年

我家寶貝是一隻老柴犬，牠叫「安仔」。朋友都笑我改名很隨便，不過因為我的名字有個「安」字，我視牠為兒子，便取了這個名字。十五年來，安仔見證着我踏入人生不同階段，由入讀大學、畢業，到娶妻生子，安仔都一直陪伴在旁，與我度過生命中的高低起跌。

起初養狗時，我以為很容易，只要平日帶牠外出散步，替牠處理大小二便，生病時帶牠看獸醫就可以。可是，當安仔年紀漸長，健康問題逐漸浮現的時候，照顧牠的責任就越來越大。安仔變得像小朋友一樣，生活起居所有事情更加依賴我。

安仔以往都很健康，後來患上心臟病，其心臟瓣膜閉鎖不全，容易疲勞及倦怠，身體再無法支撐牠外出玩耍。為減輕牠的不適，獸醫建議我買氧氣箱和氧氣機，於是我添置所有裝備，將牠放進箱子裏。安仔體魄壯健時，最喜歡到處跑和認識新朋友；自從牠生病後，終日困於箱子裏，我感到十分心痛。有時候我開着電視給牠看，牠也是無精打采的樣子。

安仔不只是一隻寵物，而是一直陪伴在側的家人。牠是我家的開心果，為我們帶來無窮無盡的歡樂，亦為我帶來進步的動力。

自從飼養安仔後，我開始懂得更加留意身邊的人和事，開始懂得照顧人，也變得更加體貼。我明白不是所有人都有機會飼養寵物，未必能夠感受寵物帶給我們的意義，但我希望大家都能夠抱着尊重別人的心，不論是人或是寵物，都應公平對待，尊重生命。

告別痛苦
我們未來還會再見

——牠離開以後，
我希望牠能夠像人一樣，
擁有一個體面的告別儀式……

寵物名字　：妹豬
寵物種類　：史納莎
主人姓名　：徐小姐
養寵物年資：16 年

陪伴我長達十六年的「妹豬」，早前在睡夢中離世，牠的遺體已火化了。

火化當天，把妹豬推進火化爐的一刻，當刻的悲痛無法用言語形容。我跪在地上痛哭，想必應該嚇怕了身邊的職員，說起來也很不好意思。

妹豬是隻很乖巧很安靜的史納莎，平日會靜靜地在我身旁看着我和家人。牠不喜歡上街走動，也不喜歡吃東西，就像老人家一樣。

印象中這麼多年來妹豬很少大叫，除了晚上有人經過門口會吠兩聲，平日幾乎是一言不發，鄰居甚至不知道我有養狗呢！每次出門時，妹豬都會在門口靜靜地看着我，讓我很捨不得出門。

有一次帶妹豬出去做運動，牠突然不正常地喘氣，我走過去摸摸牠，發現舌頭紫紫的，於是帶牠去看獸醫，才知道牠患有心臟病。

牠生病後開始性情大變，經常大叫。臨離開前的兩星期，妹豬基本上甚麼都不肯吃。有一晚，我告訴牠，如果真的太累就放手吧，我們總會再見面的，說完我也哭得撕心裂肺。我不想牠離開我，但我更不想牠痛苦。

兩天後，可能妹豬不想讓我激動，在我上班後，自己悄悄到彩虹橋去了。丈夫那天剛好不用上班，他醒來後發現妹豬已經沒有反應，我三歲的兒子還問爸爸妹豬是不是生病了。我立刻請假，趕回家時牠已經手腳冰冷……

妹豬，謝謝你這十六年來的陪伴，你陪伴我在大學時期拼搏，也看着我結婚及生兒育女，感謝這些年來都有你在，謝謝你。希望你能夠在天上無憂無慮地生活，我相信你到了彩虹橋後會在佛祖旁好好修行，好好過日子，不需要再承受吃藥、疾病的折磨。

妹豬對我來說就像親人，牠離開以後，我希望牠能夠像人一樣，擁有一個體面的告別儀式，亦希望身邊的人能夠體會及分擔我的悲痛。看到寵物善終服務公司的團隊，讓妹豬走得那麼漂亮和風光，令我有釋懷的感覺。

寵物善終除了是儀式，亦為寵物主人提供抒發哀傷的出口。生老病死是自然定律，亦是每個照顧寵物一生的人必經的過程。面對無數生離死別仍能保持專業，真誠地為每一位客人服務，我相信從事這個行業的都是有愛心的人。

伴我經歷喪夫之痛

——波仔雖然不懂說話，
但牠的陪伴對我而言
是精神支柱。

寵物名字　：波仔
寵物種類　：博美
主人姓名　：陸小姐
養寵物年資：14 年以上

約一年前，我的丈夫因為癌症離開了我。在他確診癌症後的一年，我們全家都努力對抗病魔。丈夫離世後，我頓時失去了精神支柱，每一天都感到很痛苦、很空虛、很疲累。我們沒有孩子，波仔是我唯一的伴侶。

每晚從醫院回家，我都累得無法做任何事，只有躺在梳化上一言不發。波仔那時十四歲，每次見到我哭，都會默默地躺在我身邊看着我。牠真的很有靈性，有一次更把手放在我手背上，彷彿懂我在想甚麼。那段時間，牠伴着我哭，聽着我說夢話，我知道不用多說牠就明白我在想甚麼。

某天晚上，我接到醫院的電話，醫生說老公快不行了。那一刻，時間好像靜止了，我反應不過來，只回應了一聲「哦」便掛線。我當時很彷徨，但無法哭出來，我和波仔四目交投，牠也好像感到有大事發生，那天牠的表現比平常有點不同，或許，牠也知道爸爸已經離開了。

老公離世後大概半年，波仔也離開了我。我不知道該如何面對，甚至曾經有一刻想了結生命，可是當我想起還有父母要照顧時，便冷靜了下來。那時獸醫說波仔身體並無大礙，可能是因為傷心過度，畢竟牠年紀也不小。

波仔雖然不懂說話，但牠的陪伴對我而言是精神支柱。在喪夫的半年間，如果沒有牠在旁，我也不知道如何度過。以前沒有養寵物，總覺得寵物只是閒時陪伴我玩耍的玩伴；直到失去丈夫後，我才深深感受到寵物不只是玩伴，而是心靈伴侶，牠就像我的好朋友及親人一樣，總會在身邊陪伴着我。

情深意重
愛是永恆

第二章

釋懷放下
才是最大的餽贈

——能令他們安心上路，
才是對他們最大的餽贈。

寵物名字　：阿樂
寵物種類　：牧羊狗
主人姓名　：李太
養寵物年資：12 年

我的丈夫是從事殯葬行業的，他在殯儀館當禮儀師，經常要面對生離死別，與家屬分擔失去至親的哀傷。在丈夫的影響和教導下，我慢慢學會了珍惜及釋懷，以及如何面對死亡。

大家都說我看得很開，我總覺得生死是一體兩面的，有生就有死，這是大自然的循環，試問世上哪有永垂不朽的事物呢？我曾經被朋友說很冷血，每當有長輩去世，我總是表現得很冷靜，旁邊的表姐表弟卻泣不成聲。縱使很不捨，我仍會告訴自己，他們會在另一個世界生活得很好，同時也希望我們過得好，這樣他們便不用掛心。

早前我的狗狗阿樂離世了，我和丈夫都很傷心，因為我們沒有兒女，阿樂就像女兒一樣。我的心好像缺失了甚麼似的，很空虛很無助，幸好有丈夫在身邊扶持，不然我無法想像如何度過每一天。

雖然我看得很開，也不畏懼死亡，但還是無法接受親如女兒的阿樂突然離世。我很感恩有機構提供寵物善終服務，為阿樂安排身後事，佛教儀式的氛圍讓我感到很平靜，好像身邊有一種力量支持着我。我沒有宗教信仰，但我對於佛教比較有好感，可能是從小看着嫲嫲做善事、唸佛經及聽佛歌的緣故。

與丈夫一起這麼多年來，我學會了釋懷。不論是人還是寵物離開，即使會傷心欲絕，我們都不能因此一蹶不振，反而要快樂健康地生活下去。能令他們安心上路，才是對他們最大的餽贈。

生命雖短
愛無止境

——牠曾經在我的生命中出現，
已是我最大的幸福。

寵物名字　：荳荳
寵物種類　：哥基
主人姓名　：淇淇
養寵物年資：2 年

荳荳是一隻哥基犬，剛過了二歲生日就離開了我們。兩年的時光匆匆流逝，大家相處的時間雖短，但每一天我們都過得很快樂。

兩年前我們相遇的情景至今仍歷歷在目。當日我經過一間寵物店，店內有一隻不停吠叫的哥基吸引了我的注意，我們便從此結緣。荳荳是典型的哥基犬，很吵鬧，愛吠叫，容易爭風呷醋，又護食，還喜歡與其他狗玩耍。我從來沒有責備牠，因為牠懂得撒嬌，每次做完壞事，牠嬌嗲的眼神和翻身動作已徹底融化我心。

在某一天的早上，牠突然離開了。當知道牠已沒有心跳後，我們還堅持帶牠到寵物急症室作最後診治，直至要商討處理剛發硬和冰冷的身軀時，我們頓時由悲傷變成彷徨。在急症室的一個房間內，與荳荳僵硬的身體共處的四十五分鐘，是我人生中最難過的時刻。

直至聯絡到寵物善終機構來接收荳荳時，我的眼淚終於奪眶而出，我才意識到荳荳真的離去了。感謝機構為荳荳準備了一個美麗的葬禮，我感到一份無比的關懷和溫暖。葬禮火化當天整個流程很順暢，荳荳走得很有尊嚴、得體，好像擁有閃閃發光的光環，也像平時睡着了一樣。荳荳生前很愛乾淨和美麗，謝謝他們的幫忙，讓牠好好走完最後一程。

面對死亡真是這麼可怕嗎？不是的，牠曾經在我的生命中出現，已是我最大的幸福。荳荳，多謝你成為我們的一份子，我們會將對你的愛延續到永遠。

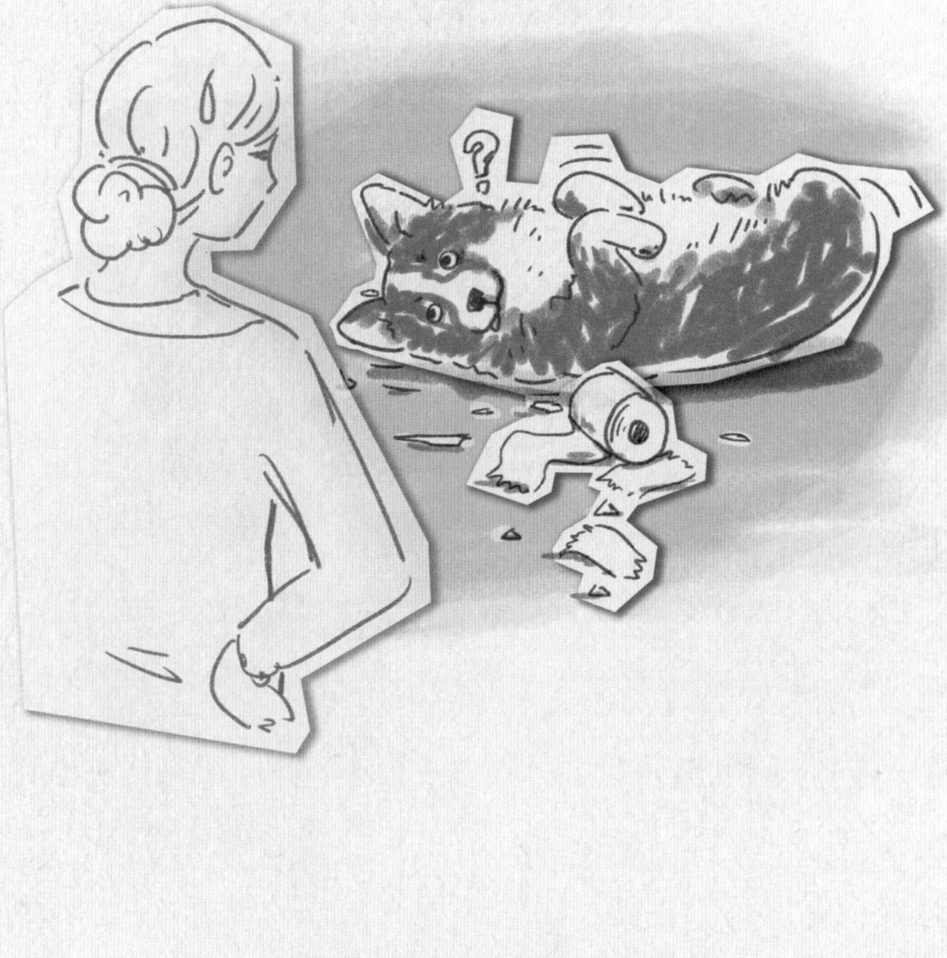

親子時光無價
重新修補關係

——我視毛毛為最好的朋友，
我們相依為命。

寵物名字　：毛毛
寵物種類　：唐狗
主人姓名　：陳小姐
養寵物年資：14 年

毛毛是我在十四年前從狗場領養回來的，牠是一隻很黑，看起來很悲傷的唐狗。雖然牠很孤僻也很「麻煩」，卻成為了我最好的朋友。

我自小已很喜歡狗，所以經常到狗場幫忙。十多年前，狗場的場主撿毛毛回來時牠還很小。牠當時被放在一個紙皮箱裏，哭得很可憐。當牠慢慢長大，可能性格孤僻的緣故，牠經常被其他狗欺負，處於同一個籠子的大狗也經常咬或抓牠，所以腿上有一條很粗的疤痕，真的很可憐。為免牠再受傷，於是便把牠放在一個獨立的籠子。每當有人接近，牠便會亂吠，好像瘋了一樣，是一隻難以親近的狗。

我常希望帶幾隻狗回家飼養，可是大學時期還在忙讀書考試，爸媽又不喜歡寵物，才把計劃擱置。直至畢業數年後，我獨自搬到較近工作地點的地方，才有機會把毛毛接回家。

毛毛起初很難相處，初時我經常被牠咬傷，身上滿佈傷痕，但我一點都不生氣，因為牠跟我一樣孤苦伶仃，雖然我的父母仍然在世，但我們的關係並不好。在毛毛身上，我彷彿看見了曾經受傷的自己，我視毛毛為最好的朋友，我們相依為命。

在照顧牠的第一年，我花了很多時間跟牠培養感情，我相信信任是可以慢慢建立的，但需要時間和心力。毛毛會感應到我的喜怒哀樂，照顧我的心靈，每當我在工作或感情上遇到挫折，躲在家裏哭泣時，毛毛便會走到我身邊，牠的聲音很溫柔，雖然我不明白牠在說甚麼，我深信牠是在用自己的方式支持我。

毛毛離開以後，我搬回老家與父母居住。牠的離去讓我傷心不已，同時亦讓我懂得珍惜與父母相處的時光。以前我從來不願意花時間關心父母，總覺得他們很厭煩；如今，我只希望能花多點時間和心力照顧他們，努力修補關係。這是毛毛教會我的道理，多謝你！

生命無價
善待寵物

第三章

計劃趕不上變化

——飼養寵物不是單純滿足「好玩」的心態，
或者停留在覺得寵物很可愛的層次，
而是要學會尊重生命。

寵物名字　：吉吉
寵物種類　：貴婦狗
主人姓名　：Jennifer
養寵物年資：8 年以上

我和家人本來打算移民英國，也會把我的寵物吉吉帶上。當所有手續已經準備妥當時，沒想到吉吉的健康突然出現問題，離港的計劃也因此延遲。我們希望待牠痊癒後才一起離開，沒想到再沒有這個機會了。

發現吉吉生病時，牠才八歲，不知怎的身體狀況突然急轉直下。數次帶牠外出期間，牠的行為變得很奇怪，走着走着會突然慢下來，不肯向前走。記得有一次，我帶牠到樓下公園散步，牠突然雙腳乏力倒地，嚇得我立即將牠送到醫院檢查。

經獸醫診斷，證實吉吉患上心臟病。我們聽到後猶如晴天霹靂，我總是質疑自己把牠照顧得不好，或許是我沒有花更多時間陪伴牠，又或許我買的東西不夠健康，要不然牠為甚麼會得心臟病？我不斷問醫生是不是我做得不足，獸醫回應，即使再努力，牠的生活習慣有多好，也有可能是先天問題導致心臟病。

我一直在責怪自己，所以更加小心翼翼照顧牠，幾乎每晚都留在家陪伴。可惜，一個月過去，吉吉完全沒有好轉。我還記得某天凌晨，牠突然暈倒在自己的尿泊中，幸好爸爸起床上廁所時發現，便馬上把牠帶到醫院。獸醫說牠太過緊張導致暈眩漏尿，情況不太好，叫我們有心理準備。再過一個月後，牠的情況每況愈下，藥物只能紓緩痛楚，對病情沒有太大幫助，牠終究還是離開了我。

在吉吉確診心臟病到離世，大概只有三個月，一切都來得很突然。我們所有計劃都破滅了，本以為可以開開心心地帶吉吉離港，現在缺少了牠，我們都很悲痛。曾經有朋友問我，移民這麼大的事，為甚麼要帶寵物過去，把牠送給別人便可以。我很憤怒，直斥他從沒飼養過寵物，不明白寵物帶給我們的陪伴和愛是多麼可貴。部分人飼養寵物前都沒有考慮清楚，只把寵物當作「玩物」，棄養的情況時有所聞。養寵物從來不是一件簡單的事，特別是牠們生病的時候，照顧牠們跟照顧人沒有兩樣。

如果主人缺乏耐性和愛心，是無法好好照顧寵物。飼養寵物不是單純滿足「好玩」的心態，或者停留在覺得寵物很可愛的層次，而是要學會尊重生命。我希望所有人養寵物前要三思，當把牠們帶進我們的生命後，我們便要負起照顧牠們一輩子的使命，因為牠們就是家人。

逝者已矣 生者如斯

——我真的很期待牠們的成長，
但我們之間的緣分，
永遠停留在三月二十三日。

寵物名字　：阿柑
寵物種類　：唐貓
主人姓名　：吳小姐
養寵物年資：不詳

二〇二一年的三月，是我最難忘的一段日子。由知道阿柑懷孕起，我們滿心期待，當產檢得知有三個小生命時，滿腦子幻想家中有六隻貓的日子，是多麼熱鬧，多麼溫馨。

醫生提及由於阿柑太瘦，盆骨不夠寬，若自然分娩會容易難產。我們思前想後，為保母子平安，決定交由醫生作主。我們每天期盼着貓咪的來臨，並為三胞胎命名為大家姐、二家姐及三家姐。

三月二十三日，是阿柑剖腹產子的日子。我們一大早帶牠到診所，然後便先回家。半天後收到診所的電話，告知有一隻貓咪在腹中已失去心跳，另一隻經搶救後生存下來，還有一隻十分健康。那一刻我的眼淚不停地流，心很痛，也很不捨。我們把已離世的貓咪帶回家，讓牠看看家裏是怎樣的，然後再聯絡寵物善終機構。等待期間我一直抱着牠痛哭，不一會機構職員來到，我萬分不捨地送走了牠。牠叫二家姐，牠的名字第一次出現就是在善終公司的收據上，亦是最後一次被稱做二家姐。

三月二十四日，可能因為手術的關係，阿柑很虛弱，完全沒理會剩餘的兩隻貓咪。我們便擔起當媽媽的重任，為貓咪保暖、餵食和清潔等等。我和男友每睡兩小時便輪流起床照顧貓咪，也許因為二家姐已經走了，我們不願再失去一條小生命，那種痛不願再經歷。

三月二十五日，我們突然發現三家姐的右腿出現紅腫及瘀血，後來得知，原來三家姐出生後經歷過搶救，當時在右腳打了「救命針」，但導致瘀血積聚。由於多按摩有助驅散瘀血，於是我們每次餵奶後都幫三家姐泡暖水，按摩右腿。

三月二十六日，帶三家姐到診所檢查後，發現其右腳已壞死，腳趾變黑，而且肝膽功能開始變差，皮膚逐漸變黃，瘀血亦慢慢擴散到其他部位。當時醫生告知三家姐大約只剩三天生命，我抱着牠一直淚流不止，是不是我們做的還不夠？要不要給三家姐安樂死？我從沒想過靠打針救回來的牠又要打針將牠送走！

回到家後，我們依然努力餵奶，為牠按摩，祈求上天給點奇蹟。當天中午開始，三家姐不願吃奶，有時會突然呼吸困難，張大嘴巴呼吸。晚上吃了最後一餐奶，跟我們拍照後，便靜悄悄在睡覺時離開。我們再次聯絡寵物善終機構，送走了三家姐。那天晚上，我哭到太累睡着，又再經歷一次撕心裂肺的痛。

自三月二十七日開始，阿柑變得主動照顧大家姐，為牠清潔，讓牠喝奶，替牠保暖，保護牠、照顧牠，我們都很安慰，或許阿柑終於意識到自己當媽了。

三月三十日是二家姐和三家姐火化的日子，我們來到寵物善終機構，看到牠們好像睡着了，沒有一絲痛楚。但我仍是很不捨，我真的很期待牠們的成長，但我們之間的緣分，永遠停留在三月二十三日。

二家姐、三家姐，回家吧！願你們在喵星互相陪伴，沒有病痛，開開心心，跑跑跳跳，你們永遠是我們家的一分子。大家姐，希望你能繼續努力快樂地成長，要代替二家姐和三家姐好好生活下去。

勿胡亂餵飼流浪動物

——我實在無法接受
拋棄寵物的行為，
這畢竟是一條生命，
死後也應該得到尊重。

寵物名字　：小黑
寵物種類　：唐貓為主
主人姓名　：曾太
養寵物年資：10 多年

我是一個愛貓之人。第一次接觸寵物善終機構，是為了幫助一隻在街上發現的貓女。牠是波斯貓，是我在垃圾車附近的紙箱裏發現的，我把牠抱起來時，牠的身體還是軟軟的，似乎是剛被人遺棄。

我實在無法接受拋棄寵物的行為，這畢竟是一條生命，死後也應該得到尊重。於是，我把牠帶到寵物善終機構火化，並安置一個靈位，盼牠往生後有一個安穩的居所。

最近我的貓貓小黑離世，我再次來到寵物善終機構，為牠安排身後事。我懷疑牠是被附近出沒的流浪貓咬傷致死，牠肚皮的兩處傷口有很多小蟲。或許是因為近期有人在附近餵貓，導致牠過去半年經常往外跑，招來殺身之禍。

當時為了避免小黑外出找食物，我特意把飼料放在家門前，讓小黑隨時可以吃，怎料卻引來其他貓隻。十多年來，我們這條村從來沒有外來貓，這些貓相當兇惡，很可能是跟我的貓貓在搶食過程中咬傷了牠。我真的無法接受這個悲痛的事實。

我分享這個故事是希望大家不要胡亂餵飼流浪動物，這樣不但會造成環境問題，更會改變牠們的飲食習慣及行為，令牠們變得有攻擊性，甚至衍生悲劇。

別人都說我是貓癡，可是我真的無法忽視貓貓，無法把貓貓被虐待的事情視而不見。我希望社會大眾不要再餵飼流浪動物，避免悲劇再次發生！

獸醫人語篇：

接受生命無常
坦然面對變幻

——我們需要學習坦然面對生命的無常，
不應該避開它，
而是要正面地接受及面對。

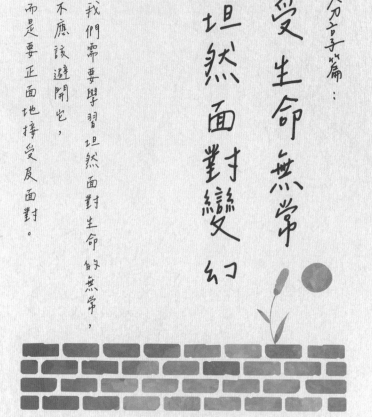

獸醫介紹

獸醫羅永年畢業於澳洲悉尼獸醫學系，現時於香港執業，並於二〇二二年成立香港流動獸醫（IKPP），團隊由專業獸醫和獸醫護士組成。IKPP總部位於柴灣，提供上門獸醫診症，務求為寵物提供最適切及最貼心的服務。

畢業後，我先後任職二十四小時動物醫院及其他獸醫診所。

後來，我觀察到很多寵主和寵物都面對行動不便的問題，因此成立了香港流動獸醫（HKPP），安排上門診症服務，為他們提供多一個選擇。

擔任獸醫以來，難忘的經歷多不勝數，當中比較深刻的是一隻長期病患狗狗，牠的離去讓我感到很失落和遺憾。當時我因要事離開香港，回到香港後，還來不及好好道別，牠已經離開了，明明早陣子還跟牠見面，想不到一切來得這麼快。

後來還有一隻大型狗狗也令我感到遺憾。我一直有為牠做針灸，處理關節上的問題。有一天，牠突然出現胃扭轉，主人匆忙致電給我，但我錯過了那通來電。當我回電後，那怕只是相隔短短的一陣子，牠的情況已急轉直下。直到現在我仍然經常回想，假如我能夠及時接聽主人的電話，結果是否會不一樣呢？也許生命就是那麼無常，我們無法控制，只能夠坦然接受和樂觀面對。

很多寵主都說不知道該如何照顧寵物才是最好，其實很簡單，只要以寵物的福祉作大前提，把寵物當成人看待，一切都會變得很容易。現時寵主可以為寵物選擇安樂死，在牠們最後的時光減輕痛苦，這無疑是一種解脫。

對我來說，是否要進行安樂死應視乎寵物的生活質素。安樂死沒有黑與白，是關乎道德的問題。如果明知寵物的病情沒有好轉，只有痛苦，當醫學已不能有效保存其尊嚴和性命，這時候，也許安樂死可被視為一個有尊嚴的選擇。有些主人即使千金散盡也要為寵物延長多一個月性命，但這個決定如果無法提升寵物的生活質素，即是無法正常進食、喝水及大小二便，適當地結束痛苦並不是一件壞事。

現時市面上陸續出現寵物善終服務公司，寵物善終是一件很有意義的事情，對主人也是一個很好的選擇。現今社會對於死亡仍然很忌諱，總是避之則吉。其實死亡教育是一件很基本而重要的事情，每種動物都會經歷必然來臨的死亡，我們需要學習坦然面對生命的無常，不應該避開它，而是要正面地接受及面對。

這幅畫是悉尼港的風景，是我的好朋友Bridie O'Brien為祝賀香港流動獸醫開業親手畫給我的。大概十年前，我首次搭乘從香港飛往澳洲的航班時，她就坐在我旁邊，我們從此成為了好朋友。當時她已是一位出色的音樂家，現在她更是悉尼著名的畫家。這是我最喜愛的其中一幅畫，亦標誌着我創業生涯的起點。每當我在工作上遇到挑戰時，我便會看着這幅畫。它彷彿時刻提醒我當初選擇獸醫行業的那股衝勁和堅持，令我不忘作為獸醫的使命。

診所接待處牆上也掛着另一幅畫，名為《獸醫》（The Veterinarian），是何塞·佩雷斯（Jose Perez）繪畫的，我當年在美國國家醫學圖書館（U.S. National Library of

Medicine）首次看到這幅畫時，已被深深吸引着。這幅畫不斷提醒我們從事獸醫的職責。在佩雷斯眼中，獸醫心地善良而且很聰明，他們會公平地對待所有生命。

這次藉着對於自己的職業及寵物的小小分享，希望能夠喚起大眾對於寵物的關注。我亦希望社會能加強宣傳飼養寵物的法律責任，例如申領狗牌及續牌、每三年注射瘋狗症疫苗等，讓更多寵主養寵物前有充足的心理準備。教育寵主的工作相當重要，不論是政府、非牟利機構及其他相關組織都可以多作宣傳，共同為寵物福祉作出努力。

寵物善終
意義重大

第四章

親友鄰居一同道別

——相信牠已經到了彩虹橋，應該認識了不少新朋友，適應了新環境吧！

寵物名字　：湯姆
寵物種類　：曲架
主人姓名　：杜先生
養寵物年資：12 年

湯姆是一隻曲架犬，火化當天，我們一直在旁陪着牠，還有三位平日跟牠玩耍的鄰居，他們把湯姆生前最喜歡的食物和玩具都帶來了，好好送別湯姆的最後一段路。

湯姆年屆十二歲，因患癌症而離開。回想起牠生前有一天突然失去視力，我們連忙帶牠到獸醫診所檢查，得悉牠視網膜脫落，並發現身體出現腫瘤，且已擴散到其他部位，醫生估計牠只剩半年性命。眼見湯姆的淋巴結越來越大，身體越來越瘦，令我們心痛不已。

只是短短一個多月，情況便急轉直下，湯姆看起來像是「皮包骨」。牠當時已經無法控制自己的身體，不停到處大小便。直至離世前兩天，牠更是無法行走，走數步就趴在地上休息。

還記得當時醫生建議，我們應考慮是否為湯姆進行安樂死。一切來得太快，在萬般不捨之下，我們忍痛決定結束湯姆的痛苦。離世那天，牠突然無法排便，痛得一直在大叫。我清晰記得，湯姆生前只大叫過三次，第一次是做絕育手術；第二次是胰臟炎，已是三至四年前的事；第三次就是這次，癌症的折磨令牠痛苦萬分。

鄰居家有個小弟弟，他很喜歡跟湯姆玩，湯姆也會經常跑到弟弟的家門前，用力呼吸、拍門及搖擺尾巴，讓大家知道牠來了。我們每晚都會帶牠到街上散步，很多街坊都很喜歡牠，個個都會叫聲「湯姆」，牠就會很開心地擺動身軀。

往好的方向想，湯姆已經活了十二年，臨終前沒有經歷長時間的痛苦，對牠而言已經很好。相信牠已經到了彩虹橋，應該認識了不少新朋友，適應了新環境吧！

鄰居弟弟很喜歡跟湯姆玩，

特意前來送別。

安樂死的掙扎與考量

——即使我有多麼的不捨，最後我還是決定為傻仔打針，讓牠早點脫離這種折磨。

寵物名字：傻仔
寵物種類：英國短毛貓
主人姓名：Kylie
養寵物年資：16 年

我家老貓傻仔去年當了小天使。牠走的時候是十六歲，算很長壽了。離世前一年多以來，傻仔一直生病，幾乎每星期都要去醫院報到，關節炎、胰臟炎、腎炎通通都找上門來。後來牠變得食慾不振，我每天下班都趕回家照顧牠，十分珍惜與牠相處的每一個時刻。

後來牠確診患有腦瘤，身體癱瘓了。獸醫把牠救回來後，卻又出現認知障礙症。牠當時已經完全無法自己上廁所，連喝水也要用針筒餵。由於我有工作在身，無法長期在牠身邊，所以我嘗試為牠包尿布，可是牠又不肯用，經常弄到滿身大小二便，感到不適時便大叫。我請父母來我家幫忙照顧傻仔，但牠晚上經常大叫，吵得父母不能好好入睡。

男朋友曾建議為傻仔進行安樂死，我捨不得放手。經過數天的思前想後，我把牠帶到獸醫診所，醫生也建議我考慮進行安樂死。我瞬間崩潰了，這是不是代表傻仔已經沒救了？醫生想放棄醫治嗎？

我懇求醫生再給牠吃藥，不要讓牠離開我，之後我奪門而出，站在診所外崩潰大哭。我當刻實在無法決定，便請獸醫給我點時間考慮，讓我先帶傻仔回家，好讓我們再相處多一陣子，那怕只是數小時，對我已經很足夠。

我問爸媽應該如何是好，他們告訴我，只要傻仔不再痛苦就可以了。我很清楚，也很明白，傻仔不再痛苦才是最重要的，即使我有多麼的不捨，最後我還是決定為傻仔打針，讓牠早點脫離這種折磨。

傻仔離世後，家裏依然擺放着很多牠的東西，例如貓砂盆、糧食罐和尿布等等。現在回想起來，幸好當日決定注射安樂死針，讓傻仔可以早日解脫。現時寵物善終的服務越來越多，不單止有安樂死的選擇，也可為寵物打點身後事，讓主人能夠與寵物好好道別。

走得有尊嚴
主人得慰藉

——也許這些轉變都是
源於對大強的愛，
我希望牠過得更好。

寵物名字　：大強
寵物種類　：唐狗
主人姓名　：黃小姐
養寵物年資：8 年

我從來沒有想過養寵物，因為覺得很麻煩，每當想到要替牠們收拾大小二便，就覺得很噁心。我一直以為自己不適合養寵物，直至一次機緣巧合，我和男朋友開始養狗，牠是一隻六歲的唐狗。

還記得七年前的冬天，我和男朋友坐着私家車外出郊遊。我們一直在聊天，直至駛到樹林時，突然有一隻唐狗跑出來，我們來不及刹車，不小心撞到牠。我聽到「砰」的一聲，狗狗隨即倒地。看着牠在地上動彈不得，我害怕得一直在哭，並把牠送到醫院急救。

醫生說牠出現骨折，身上亦有多處傷痕。我們告訴獸醫牠應該是流浪狗，不小心在公路上撞到牠。獸醫說治療時間會很長，而且費用不便宜，問我們是否要繼續醫治。我當刻下定決心，要繼續醫治牠，待牠康復後，收留牠做我的家人！男朋友在旁很驚訝地看着我，沒想到我會說這樣的話，但他感到很開心，並說會跟我一起飼養牠。

自從大強住進我們家後，我們幾乎推掉所有聚會，每晚趕回家照顧牠，買好東西給牠吃，陪牠玩耍。我們替牠改名「大強」，是因為覺得牠很強壯及堅強。開始照顧牠後，我連習慣也改變了，不但比以前更注重清潔，而且變得整齊了，也會常常留意別人的舉動，開始懂得關心人。爸媽及男朋友對我的改變感到很高興，也許這些轉變都是源於對大強的愛，我希望牠過得更好。

大強只陪伴了我們八年便走了，我們為牠安排了一個簡單而莊重的告別儀式。寵物善終是一個很有意義的行業，不但讓寵物走得有尊嚴，亦能令主人的心靈得到慰藉，希望這個行業得以延續。

無私付出 心靈相通

第五章

飼養寵物責任重大

——牠帶給我和家人的快樂，世上沒有任何事情能夠比得上。

寵物名字　：寶貝
寵物種類　：拉布拉多
主人姓名　：黃太
養寵物年資：12 年

我的拉布拉多犬「寶貝」離世時，我感到相當無助，從互聯網上搜尋寵物離世後應如何處理，見到一家寵物善終公司的網頁，於是致電查詢為寶貝安排火化等後事。

寶貝離世前的那段時間，除了睡覺和吃飯，大部分時間都在慘叫，看着這樣子真的很心疼。牠不但有腎衰竭和心臟病，而且有認知障礙症。有時候叫牠的名字也沒有回應，我想牠連自己的名字也忘記了，可能也把我們忘掉了。

我從來不知道狗隻也會有認知障礙症，根本不知道如何應付，全家人知道後都很迷惘。有認知障礙症也沒關係，我最擔心牠的心臟病會引發其他併發症。家中兩老已經沒有太多氣力照顧牠，我每晚下班後回來已經九時多，再餵牠吃藥及打點一切，我也感到吃力。

我本來打算辭掉工作，但我是家中的經濟支柱，如果為了照顧寶貝而辭工，家庭便失去穩定的收入來源。那時我們幾乎二十四小時輪流照顧寶貝，大家都身心疲憊，我也不忍心爸媽一把年紀還要經常帶牠去看獸醫。我把寶貝的情況告知朋友，他們都叫我放手，但我萬般不願意，我想延續牠的性命，這樣很自私嗎？我明知道牠會痛苦，我這樣做會令牠更難受嗎？輾轉反側了很多個晚上，我還是無法下決定。

寶貝很快便走了，牠是自然離世的，家中頓時變得很空虛。回想飼養寶貝的十多年，原來一切都不容易，牠有很多病痛，我花了很多時間去照顧和陪伴牠。

儘管如此，我從來沒有後悔飼養了寶貝，牠帶給我和家人的快樂，世上沒有任何事情能夠比得上。在此忠告大家，養寵物必須要負責任，不要輕易放棄，因為來到你家時，牠們的一輩子就交托在你手上了。

為你按足
一輩子

——希望牠最後能夠走得漂漂亮亮，
在天上認識多點朋友，
繼續開開心心地「撩女仔」。

寵物名字　：吉吉
寵物種類　：芝娃娃
主人姓名　：Joey Yeung
養寵物年資：15 年

吉吉小時候很頑皮，喜歡在家中到處撒尿。試過下班一進屋，便聞到一陣尿味。牠也曾在我床邊撒尿，尿液又黃又臭，清潔了差不多兩小時才把那些臭味和污漬去掉。氣上心頭之際，見牠擺出楚楚可憐的樣子，一下子就心軟了。

牠很喜歡去公園散步，所以我經常帶牠到西九龍海濱走走。牠在海邊會特別雀躍，經常到處認識新朋友，而且每次都會跟附近的狗女眉來眼去。

吉吉很喜歡我替牠按摩肚子，經常在家中「反肚」，示意我替牠按摩。牠的意思不只是摸肚子這麼簡單，而是想我從頭到腳按摩。印象中我從牠五歲開始便那樣做，已經很多年了。直到牠年紀大了，腳不太好，獸醫說牠因年紀大患上退化性關節炎，後來更半癱了，牠的四肢有知覺但無力走動，所以終日要癱在床上。

我怕按摩會弄痛牠，而且我只懂皮毛，因此我報讀了寵物按摩課程。可是隨着日子過去，牠的情況越來越差，終日沒精打采的，看起來很累也很辛苦，我真的很心疼，卻又甚麼都做不了。

吉吉在十五歲那年離開了我，牠是在某天晚上靜靜地離去的。其實我早就有心理準備，那時我還事前查詢了寵物善終服務的價錢，生怕吉吉突然走了，我會準備不及。

我把牠當成兒子一樣看待，每日照顧牠的起居飲食，看到牠活蹦亂跳，令我有很大的滿足感。我很愛牠，希望牠最後能夠走得漂漂亮亮，在天上認識多點朋友，繼續開開心心地「撩女仔」。

我沒有再養狗，也很少到西九散步了。現在每當我去到西九龍海濱，都會想起吉吉的笑臉，我真的很想牠。間中我會到狗場做義工，替狗狗按摩，希望能夠幫到狗狗之餘，我也不會那麼寂寞。

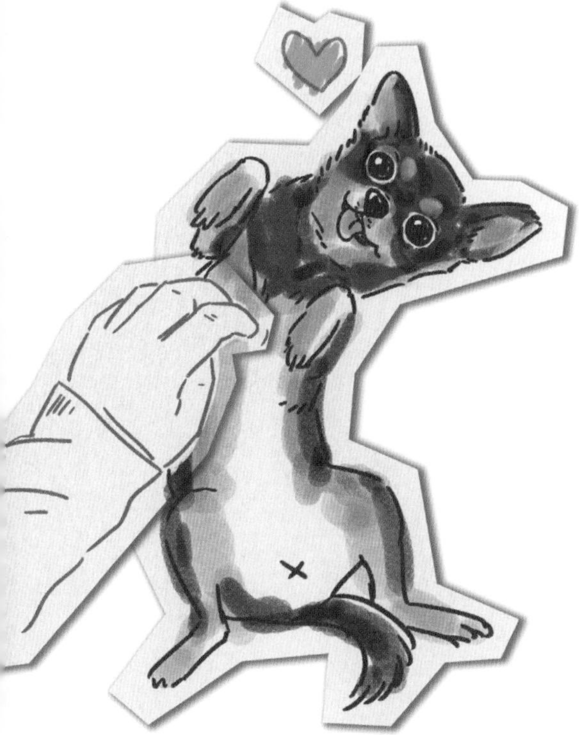

默默期盼主人歸來

——豬妹好像感覺到妹妹已不在人世，牠每天都會悶悶不樂地趴在窗前，一趴就是好幾個小時。

寵物名字：豬妹
寵物種類：金毛尋回犬
主人姓名：Linda Law
養寵物年資：16 年

寫下這篇文章的一刻，我的親妹妹和豬妹都已經離開了。家中變得很冷清，剩下爸媽、弟弟和我。

我很想念她們，希望藉着這個機會分享我和家中毛孩的小故事，並懷念早逝的妹妹。

我有一個弟弟和一個妹妹，我和弟弟最初提議養金毛時，妹妹第一個反對，因為她很怕打理狗狗，也受不了那陣狗的氣味。

妹妹一直不願意，直至有一次我帶她到朋友家玩，她也剛好養了一隻金毛，妹妹跟牠玩得很開心，回來後便說要養狗了。雖然妹妹經常抱怨豬妹的毛亂飛，又說牠有臭味，但她是我們三個中最疼豬妹的。只有她會準時回家陪牠，只有她會為了狗狗推掉約會，因為她知道豬妹沒有人陪便會悶悶不樂。我們都很疼豬妹，但我們做不到像妹妹一樣，把自己大部分時間都留給豬妹。後來妹妹住進了宿舍，一星期只回來幾次，豬妹每次見到她都會興奮得大叫，不斷圍着她轉圈。

妹妹在大學修讀建築學系，她為了爭取好成績，為自己帶來很大壓力，身體慢慢變差。有一天，她突然在宿舍昏倒，同房同學發現她時，妹妹已經不在人世。她走得很急，醫生推測是隱性心臟病所致。我們來不及跟她說再見，她就這樣走了。我們終日以淚洗面，我接受不了妹妹這麼年輕就離去。

豬妹好像感覺到妹妹已不在人世，牠每天都會悶悶不樂地站在窗前，一站就是好幾個小時，好像在等妹妹回來一樣，我們看到這個情景都會感到很心痛。

早前豬妹因心臟病也跟着離開了，家裏變得很空虛。我們照顧豬妹的這段時間，才切實地感受到照顧狗狗的辛苦，特別是在牠生病的時候，我們要花的時間和精力比牠們年輕時要多。豬妹很堅強，臨終前即使沒有氣力，還堅持自己上廁所，生怕給我們麻煩。

不知道豬妹和妹妹有沒有在天上相見呢？她們會忘記大家嗎？希望我他日離世後，也能在天上與她們重聚，再次成為一家人。

不負所託
送別寵兒

第六章

寵物火化師：放心交給我吧

——每當好好完成送別寵物的工作，看到寵主們欣慰的眼神，一切的辛勞都值得了。

我是阿霖，是一名寵物火化師傅。回想當初加入寵物善終行業，總覺得是緣分使然。當年尋覓工作時，無意中發現有公司招聘寵物火化師，於是「膽粗粗」抱着一試無妨的心態面試，一晃眼便是二十載。每當好好完成送別寵物的工作，看到寵主們欣慰的眼神，一切的辛勞都值得了。

從事寵物善終行業不但要有一顆愛寵物的心，還要吃得苦，更重要是不怕血腥及異味。剛開始工作的三個月是我的適應期，那時經常要工作得很晚，而且沒有太多時間吃飯和休息。可是，我沒有想過離開，當時就是有一種魔力令我留下來，或許是幫助寵物令我得到滿足感，又可能是同事像家人般親切，讓我覺得好像生活在充滿愛的大家庭。

有些人或會對遺體感到恐懼，我則百無禁忌，還記得以前工作到深夜，我直接在公司呼呼大睡呢！記得有一次，我和同事接到一通電話，要到一條荒廢的村落接收寵物遺體。整條路連街燈也沒有，我們要拿着電筒去尋找。那具遺體當時已經嚴重發臭，而且身上佈滿屍蟲。雖然過往接觸過屍蟲，但那次的經歷令我印象十分深刻。我很敬佩平日接收遺體的司機團隊忍耐力之高，要經常在半夜到僻靜的地方接收發臭的屍體，非常敬業。

曾經有不少年輕人應徵火化師的職位，可是他們往往未能堅持下去，大多數是因為無法接受遺體的異味以及當中的工序。因此，這個行業的流失率相當高，要找一個能接受這種場面的人確實不容易。對我而言，這份工作背後承載的意義，以及客戶對我的信任，是一直令我堅持下去的主要原因。

寵物火化師通常在火化房裏工作，甚少與客人溝通，所以眼神交流就變得相當重要。在火化前，客人會在房間外面，隔着玻璃窗啟動火化程序。我通常會在這個時候，向主人示意自己即將要關上火化爐。那時客人看着我，把心愛寵物的最後一程交托給我，我會向他們投以一個堅定的眼神，就像告訴他們：「放心將寵物交給我吧！」然後向寵物作最後告別。

過去二十載，我在潛心修習佛學的老闆娘薰陶下，涉獵到佛學知識。佛教讓我的心境變得平和且充滿愛，我希望寵物善終這個行業得以傳承，讓世人都懂得尊重生命。

客戶服務經理：

寵愛並非必然？

——這些年間可謂見盡人生百態，令我深深感受到寵物與人之間的感情真的十分深厚。

二十年前，我的父親因為交通意外導致永久傷殘，無法正常生活，也無法出外工作。年紀輕輕的我，頓時成為家庭支柱，醫藥費、生活費及學費的沉重負擔，令我喘不過氣來。機緣巧合下，獲親友介紹到寵物善終公司擔任兼職，從此與寵物結下不解之緣。

我的工作範疇是客戶服務，主力負責與客人溝通，但有時更像一名社工，需要聆聽主人的故事，並適時安撫他們，為他們排解悲傷情緒。由兼職員工到全職工作，這些年間可謂見盡人生百態，令我深深感受到寵物與人之間的感情真的十分深厚。

曾經有一位老伯伯，他十八年來跟狗狗相依為命，感情甚至比親生兒子更好。他帶着狗狗進來時，一直都很冷靜，直到火化的一刻，伯伯終於跪地崩潰痛哭，場面令人傷心不已。

儘管感人的故事多不勝數，但是我亦遇過不尊重寵物的客人。曾經有一位中年男人拿着超市膠袋走進來，說要火化寵物，便把膠袋交給我們。我們打開一看後大驚，膠袋裏裝着一隻奄奄一息的小兔子。我們告訴他公司不接受還未過世的寵物，建議他先帶小兔子到獸醫診所診治。殊不知，他離開後不久，又拿着膠袋折返，對着我說：「（兔子）死了啦，可以燒啦！」當時我十分氣憤，估計他大概是到外面把小兔子弄死了，但我們無憑無據也難以作出行動。我百思不得其解，既然你一點也不愛惜兔子，為何要尋求寵物善終服務呢？

工作期間難免會見到一些比較「震撼」的畫面，

例如潰爛的屍體、屍蟲、嚴重腥臭及腐屍味等等，但經過多年訓練，我已經習以為常。我們曾經接收一隻大烏龜媽媽，火化前，火化師傅為牠清理遺體，當打開龜殼，發現殼中有無數粒烏龜蛋，如果有密集恐懼症的人，看到一定會毛骨悚然。除了龜媽媽，我們也接收過已經過身二十天的寵物，亦有嚴重發臭的東星斑，只要客人將寵物交到我們手上，我們必定會妥善安排，好好送別寵物。

從事寵物善終服務二十年以來，我就像和公司一起長大，一同見證寵物善終的發展，心裏很感動和欣慰。我期望這個行業能夠繼續壯大，亦盼望社會大眾能夠對寵物有更多的關注及尊重。

客戶服務主任：

寵物有靈魂嗎？

——寵物對我們而言，
是心靈伴侶，
也是精神的支柱。

我是阿糖，從事客戶服務是我的興趣，加入寵物善終行業約兩年。我們經常聽說寵物是有靈性的，那麼寵物有靈魂嗎？

我曾遇過一件神奇的事，一隻已離世、靈位安放在我公司的唐狗竟然「報夢」給我。那是我某個下班後的晚上，我夢見一隻唐狗跟我說話，牠告訴我想吃菠蘿包。當時我很詫異，我沒有養狗，平常發夢也未曾夢到狗，當時我在想，也許是我經常接觸不同寵物遺體的緣故，才讓我發了這個夢。

翌日我如常上班，當我在靈位附近工作時，看到一隻唐狗的相片，牠跟我在夢中見到的狗有點相似，我總覺得是這隻狗報夢給我。後來，我買了一個菠蘿包放到唐狗的靈位前，並致電給牠的主人問道：「請問你甚麼時候再來拜祭你的寵兒？牠生前喜歡吃甚麼？菠蘿包？」語畢，主人立刻在電話放聲大哭，她很驚訝我說出「菠蘿包」三個字。其後，我將夢境告訴她，她說狗狗生前最喜歡的就是菠蘿包。

後來一次經驗令我再次確信靈魂的存在。一位客人致電給我們，着急地問安放在我們公司的寵物靈位，是否有金毛尋回犬？他說夢到一隻金毛尋回犬與他早前往生的西施狗在草地上愉快地奔跑，希望我幫忙找出他所說的金毛尋回犬。由於往生的金毛尋回犬數目不少，我請這名顧客親自過來看看，他在寵物的靈位處走了好幾個圈，突然指着一隻金毛尋回犬，說與夢中的有點相似。

於是，我致電給這隻金毛尋回犬的主人，了解牠生前是否一隻活潑開朗的狗。該主人聽到後相當驚訝，還說狗狗生前很喜歡到處結交朋友，每次到草地遊玩都會很開心。我當時在想，或許那隻金毛尋回犬與西施狗已在另一個世界成為好朋友，西施狗希望透過夢境告訴主人牠過得很開心。我告訴西施狗的主人後，他開心得泣不成聲，聽到他顫抖的聲音，我也忍不住眼泛淚光。

這些事聽起來好像毫無根據，但我深信不論人還是寵物，都是有靈魂的。寵物對我們而言，是心靈伴侶，也是精神的支柱。因此牠們離去後，也應該受到尊重，得到與人一般的平等對待，期望牠們在天國過得很好。

客戶服務主任：

付諸行動

由顧客變員工

——雖然我在照顧狗狗方面很有經驗，
但每一次我的狗狗離我而去，
我還是痛苦得死去活來。

這隻狗叫「阿財」，是我們公司的員工一起養了十七年的狗狗。牠當時已經老態龍鍾，頭腦不太清晰，於是我帶阿財回家繼續飼養。牠的腎功能本身很差，在我家生活後，可能是喝水比較多的緣故，指數很快便回復正常。我留在家照顧阿財期間，幾乎賺少了一半薪金，可是我認為，與阿財之間的緣分和感情是無法用金錢衡量。可惜我與牠情深緣淺，牠在十八歲的時候離開了我，但我們之間的回憶永遠不會磨滅。

我是姚姚，從小到大都很喜歡動物，尤其狗狗和小鳥。我原本是鋼琴導師，曾於一九九六年光顧寵物善終服務，後來漸漸與公司的老闆娘變得投契，繼而對這個行業產生濃厚興趣，遂加入成為一份子，為每個寵物好好送別最後一程。

初時我擔任兼職員工，負責客戶服務工作，不善操作電話、駁線等工序讓我相當苦惱，反而直接與客戶對話、幫寵物執骨、清潔遺體等工作，我相對得心應手。直至現在，我已經從事寵物善終行業達二十年了，或許是愛護動物的心，驅使我由顧客變成全職員工，全心全意投入服務。

我家有很多狗狗和小鳥，都是領養回來的，高峰時期同時養了八隻狗，把全副心思和金錢都花在牠們身上。朋友都說我幫助了很多狗狗，事實上，我認為是狗狗幫助了我，為我平凡的生活增添色彩呢！

我亦會在公餘時間到狗場照顧狗狗，這已成為我生活中不可或缺的一部分。還記得我去過一個狗場，那裏只有一位年邁的婆婆獨力飼養數十隻狗。狗場只有一把已損壞的風扇，地板也破爛難行，下雨天佈滿泥濘。於是我到舊電器店購買風扇，並訂購水泥地板，只希望狗狗能有較好的生活環境。

雖然我在照顧狗狗方面很有經驗，但每一次我的狗狗離我而去，我還是痛苦得死去活來。牠們都是獨一無二的，每一個都是我的兒女。幫助狗狗改善生活及度過晚年，對我來說真的充滿意義，感謝牠們給予我愛牠們的機會。

我認為現時社會對於寵物的關注及愛護仍有待提高，現時依然有不少環境惡劣的狗場，衛生及設備都差強人意。我衷心希望社會各界可以對寵物有更多的關注，讓牠們得到更好的待遇。

這隻唐狗是「喜媽」，是從狗場帶回來的。牠很善良，在狗場生活期間，經常被其他狗欺負。我帶牠去看獸醫時，被驗出嚴重貧血。獸醫問我為甚麼領養這隻狗回來，原因很簡單，我希望喜媽至少被愛一次。

場務主任：

生命無常
珍惜所有

——我在寵物善終公司工作的最大體會，
是學懂珍惜身邊的所有。

我是薇薇，從小到大都很喜歡動物，於是嘗試投身寵物善終行業。時光飛逝，沒想到一晃就二十載。這些年間，很多片段我都歷歷在目。

還記得多年前有一位中學生，他哭着打電話給我們，說他的松鼠狗離世了，不知道應該怎樣做。由於他的家人不喜歡動物，一直以來都是他自己出錢出力。他說當時為了帶年老的狗狗看獸醫，不斷賺外快，儲到三千元，不知道是否足夠為狗狗安排身後事。他還生怕不夠付殮葬費用，說會一直賺錢，慢慢還給我們。聽畢，大家都傷心不已。最後，他的媽媽不忍心他把辛苦賺來的錢都用光，便陪着他來到我們這裏。看着這個小男孩默默地流淚，我們也感到很心痛。

另外，曾有一名女生希望為她的北京狗安排火化。然而火化當日，她因身體問題需留院數天。當時她的家人已經在現場準備好，這位女生還是要堅持出院過來送別狗狗。那天她在友人的攙扶下，拖着虛弱的身體，面青唇白地走進來，她一直看着離世的狗狗，良久反應不過來。我一直看着她默默地凝視狗狗的遺體，禁不住流下一滴又一滴眼淚。

我在寵物善終公司工作的最大體會，是學懂珍惜身邊的所有。這是人人皆知的道理，可是又有多少人能做得到？我自己也有飼養寵物，所以十分明白寵主失去寵物的心情。當初我入職公司時，每當看到寵主哭得死去活來，我也默默在旁邊流淚，回家後也失落了很久。後來我告訴自己，我們是服務行業，如果自己也無法管理好情緒，根本無法好好服務客人。我告訴自己不要哭，要幫助別人，先要處理好自己的情緒。

踏入寵物善終行業二十年，有幸見證公司的規模逐漸壯大，一眾員工敬業樂業，尊重寵物。客人的分享及回饋就是我們持續進步的動力。

佛教徒職員：往更好的世界出發

——無論相隔多遠，牠們永遠是主人心中最愛。

PET

我是Stephanie，是一名佛教徒。約二十年前因機緣巧合，我加入了寵物善終機構工作。盡力為寵物作最後安排，讓主人能夠體面地送別寵物，從而得到心靈慰藉，就是我工作上最大的意義。

這份工作讓我深切體會到，生老病死是眾生必經的階段，但當中流露着真摯難忘之情。曾經有一位好心人收留了二十多隻流浪貓，給予牠們一個溫暖幸福的家。好景不常，大廈有單位發生火災，火勢蔓延得很快，濃煙波及流浪貓所在的單位。主人收到消息後，隨即趕返現場了解情況，只見毛孩全部倒地，奄奄一息，有些還驚慌地相擁。滿滿的愛心被無情大火吞噬，場面令人心碎。

事後主人尋求寵物善終服務，為毛孩安排告別儀式及火化，當日的情景仍烙印在我腦海中。主人在寧靜的悼念禮堂與毛孩們道別，細心地將貓罐頭分予每一個毛孩，並獻上鮮花。主人不停撫摸牠們，溫柔地說：「媽咪好愛你，好想念你！我們一定會在天家再見！」眾生萬物皆有情，火海唏嘘又無情。不過無論相隔多遠，牠們永遠是主人心中最愛。

經常有人會問，動物是不是會有「頭七回魂夜」？有些說法認為，眾生離世後的第七天就是「頭七」，但如果寵物是在晚上十一點（即中國農曆子時）後離世，需由翌日開始計算七天。又有說法指出，「回魂夜」並不一定是頭七當天，寵物從離世的第一天開始到第四十九天，都有可能化成任何昆蟲或小動物（例如飛蛾）回來，或者報夢給主人，甚至在家中聽到寵物生前的聲音或聞到牠的味道。

主人可在家中放置寵物生前喜愛食物；如果主人有宗教信仰，可為寵物多唸佛經超渡或祈禱默哀，不論是佛經、天主經或玫瑰經也好。由於我是佛教徒，我通常會唸往生咒、地藏菩薩本願經或六字大明咒，迴向給離世的寵物，希望牠們早日離苦得樂。

主人也可以把傷心悲痛化為正能量，為寵物行善積福，功德利益迴向，可幫助到離世的毛孩通往更好的世界。

定覺法師：

眾生皆有情

——善終，是指在生命即將結束時，能夠以被尊重和有尊嚴的方式離開這個世界。

evian
阿
彌

在佛教的教義中，不論是人類還是動物，一切有情的生命同樣寶貴。佛教強調慈悲，而這慈悲總包含着一種無私的奉獻，所謂「無緣大慈，同體大悲」，就是鼓勵人們對一切有情眾生，包括動物，保持尊重和關愛。

在「輪迴」概念中，我們相信一切有情眾生，都曾經是我們的父母親，所以關係非常密切。我們作為曾經的子女，必須確保不會加害他們，並保護他們的權益，包括能夠得到善終的權益。

在生命的旅程中，我們總有一天會走到終點站。善終，是指在生命即將結束時，能夠以被尊重和有尊嚴的方式離開這個世界。而寵物善終，更能為失去寵兒的主人，把悲傷痛苦轉化為祝福及感謝。

我們相信善終是每位寵兒都希望擁有的權利，讓自己的身體在最後的時光，都能得到愛與關懷。這不僅僅涉及身體上的舒適整潔，還包括主人心靈上和情感上的滿足。

寵物善終不僅僅關乎寵兒生命的結束，也關乎生命的延續。一次妥善的寵物殯儀，能讓主人感到愛和支持，減輕負面情緒所帶來的痛苦。

寵物善終觸及到人類情感，亦提醒我們對待生命和死亡的態度，以及如何在生命的轉折中找到力量和希望。這個議題需要我們共同深思和努力，以創造一個更富有慈愛的社會，讓每個人在最後的旅程中都得到安寧與關愛。

最後，讓我們不忘：生命的價值無關乎其長短，而在於我們以怎樣的方式對待它，讓愛與慈愛心成為我們的日與月，照亮我們前行的道路。

關於再見寵兒

再見寵兒（Goodbye Dear）於一九九四年成立，是香港首間寵物善終公司及最具規模的動物善終企業，擁有超過三十年專業經驗。我們除了提供全面及多元化的寵物殯儀服務，亦提供一系列寵物善終的配套服務，包括獨立寵物火化及善終美容服務等，讓主人能夠安心地送別愛寵。

服務範疇

二十四小時接收寵物

我們提供二十四小時全天候服務，並且承諾收到求助後兩小時內前往接收寵兒。我們擁有龐大及專業的車隊，遍佈港島、九龍及新界。只要接獲求助，我們便會即時前往協助。

我們承諾會在兩小時內到達，接收寵兒遺體並處理其身後事。整個過程公開透明，主人可全程見證，盼助紓緩悲傷情緒。

獨立寵物火化

我們提供獨立火化服務。火化前，我們會安排主人在私密的房間與寵物共度最後時光，然後由火化師把寵兒送進火化爐，讓主人親自按下按鈕，與寵兒說再見。

寵物消毒梳洗及遺體冷藏

我們接收寵兒後會立刻進行清潔及消毒，並以攝氏零下四度妥善冷藏。

善終美容服務

在告別儀式舉行前，我們都建議為寵兒進行遺體美容，由專業火化師為寵兒檢查及整理遺體，務求讓寵兒以最自然、最貼近原貌的狀態與主人告別。

悼念儀式

我們提供不同宗教的悼念儀式，寵主可選擇佛教、天主教或基督教式葬禮。

每個寵兒的遺體都會被獨立儲存於恆溫冷藏庫。

寵物花園、撒土及撒海

我們提供三種方式讓主人安放寵物骨灰，讓牠們回歸大自然，包括寵物骨灰花園、寵物骨灰撒土及海上撒灰服務。

寵物超渡法會

如主人希望為寵兒超渡及祈福，我們可邀請法師為其舉辦佛教法事。我們每月都會邀請法師為寵兒誦經念佛，祈求佛祖菩薩加持護佑。

製作寵物 DNA 紀念品

主人可保留寵物的毛髮、骨頭及骨灰等，用以製作獨特的寵物 DNA 紀念品。客人一般會製作水晶頸鏈及腳印倒模留念。

我們會好好整理每一個寵兒的遺體，希望主人及寵物都能以最整潔的儀容好好道別。禮儀師及火化師會在客人觀禮前，再三檢查遺體狀況。

結語

在這本書的每一個故事、每一個見聞，都凸顯出寵物在我們的生命中，扮演着多麼重要的角色。飼養寵物是對寵物的終身承諾。牠們是共患難的朋友、是甘苦與共的親人、是健康或疾病都認定你的終身伴侶，陪伴我們度過孤獨的時光，為我們帶來歡樂和笑聲，生活上的高山低谷，總有小不點的身影在旁。

然而，天長地久有盡時，隨着時間流逝，我們不得不面對死亡的來臨。寵物離世是一個痛苦又難以接受的過程，但也是我們必須面對的現實。透過這本書，我們看到主人們如何透過寵物善終，以最愛護的方式，陪伴和照顧他們的寵物走完最後一程。

這本書不僅記錄了主人和寵物之間的感情，更面向社會作出呼籲，期望各界尊重動物、保護動物，讓牠們能夠享有與我們同等的權利和尊嚴。同時也呼籲大家關注寵物善終這個議題，讓更多人了解這個行業，明白寵物善別的需要，讓寵物能一路好走，走得有尊嚴。

寵物的存在豐富了我們的生命，也是我們的精神支柱及靈魂伴侶。牠們的離去讓我們更懂得珍惜當下，更珍惜生命。我們期望這本書能喚起更多人的共鳴，在未來共同推動尊重及保護動物，讓牠們在這個世界上得到更多尊嚴和保障。

鳴謝

佛教瓔珞講堂弘法中心——定覺法師
吳小姐
志永傻瓜傻狗特工隊基地
李太
杜先生
徐小姐
淇淇
陳小姐
陳小姐（2）
陳太
陸小姐

曾太
黃小姐
黃太
黃婆婆
羅永年獸醫及診所（Hong Kong Pet Patrol）
Howard
Jeffrey
Jennifer
Joey Yeung
Kylie
Linda Law
Petnet 寵物攝影

*排名不分先後，按筆劃及字母排序

再見寵兒 陪着牠走

主編
再見寵兒有限公司

責任編輯
蘇慧怡

裝幀設計
鍾啟善

插畫
Kafka Poon

排版
辛紅梅

出版者
萬里機構出版有限公司
香港北角英皇道499號北角工業大廈20樓
電話：2564 7511　　傳真：2565 5539
電郵：info@wanlibk.com
網址：http://www.wanlibk.com
http://www.facebook.com/wanlibk

發行者
香港聯合書刊物流有限公司
香港荃灣德士古道 220-248 號荃灣工業中心 16 樓
電話：2150 2100　　傳真：2407 3062
電郵：info@suplogistics.com.hk
網址：http://www.suplogistics.com.hk

承印者
中華商務彩色印刷有限公司
香港新界大埔汀麗路 36 號

出版日期
二〇二三年十一月第一次印刷

規格
特 16 開（210 mm ×150 mm）

ISBN 978-962-14-7501-5